如何与老虎聊天

动物之间神奇的交流方式

[美]贾森·比特尔 文　[美]凯尔西·巴泽尔 图　苏小谦 译

上海自然博物馆副研究员何鑫博士 审订

乐乐趣

陕西新华出版传媒集团
陕西人民教育出版社
·西安·

普通人一天大约会说7 000个字，说这些话的原因有很多。比如，在吃早餐时，你会请人帮你递牛奶；在上学路上，有人骑车从你身边飞驰而过时，你会大声斥责他们；当你进校门时，你会跟妈妈说再见，随后会与朋友聊聊作业……

　　动物同样有很多理由需要交流，例如获取食物、远离危险、表达爱意或互相帮助。动物的种类不同、生活环境不同，交流的方式也有很大区别。有些方式很奇怪，有些甚至有点儿可笑……但都有一个重要目的：确保动物自身的生存以及种族的延续。有些鱼"放屁"就是这个目的，没有开玩笑，这是真的。

目　录
CONTENTS

视觉
SIGHTS

嘿，想不想和老虎聊天？→

老虎之间的交流方式有很多种，比如用听觉、嗅觉、触觉。光是它的尾巴，就能告诉你很多事情。

老虎是地球上最大的猫科动物之一。它的尾巴伸展开就有1~2米长！如果一只老虎高高扬起尾巴，并轻轻摆动，说明它可能有兴趣认识你，也可能表示它在探索新的领地，或是正为交配做准备；如果老虎的尾巴低垂而松弛，那么说明它放松而平静；如果老虎左右猛甩尾巴，那你可得小心了，说明这只老虎感到害怕紧张，或是要发起攻击。

咧嘴、捶胸，看上去气势汹汹：这些动作是为了自我保护！

→ 大白鲨张大嘴巴是在警告对手：退回去！科学家把这种行为称为**"咧嘴"**。它们进食时常常咧着嘴，并陷入疯狂的状态，比保卫领地时更有攻击性。

→ 银背大猩猩最经典的动作是**"捶胸"**——下肢站立，张开手掌，交替捶打胸部。"捶胸"往往由嘶吼开始，有时，它一边撕扯树叶，一边加速吼叫，越来越快，直到叫声变得含糊不清；接着，银背大猩猩就会站起来迅速捶胸；最后捶击地面，结束它的"表演"。

→ 雄性长颈鹿会这样展示它的"老大"地位：昂首挺胸，伸直脖子，**尽可能地让自己显得很高**。当它"投降"的时候，头和耳朵都是下垂的。

抬脖子比赛

　　加拉帕戈斯象龟是一类又大又笨拙的爬行动物，它们干什么都慢悠悠的。不过，到了交配季节，它们会用特殊的姿势来竞争交配优先权，甚至来决定狭路相逢谁先过：两只雄龟一遍遍地将脖子和头慢慢地抬高、放低，再抬高、放低……它们就这么横在路中间，在彼此的凝视中重复着这些慢动作，直到其中一只龟的脖子抬得比另一只更高，比赛才算结束。**跑赢兔子的龟靠的是慢吞吞的坚持，而夺得交配优先权的龟靠的却是"抬脖子"！**

"致命"的小可爱

　　懒猴是地球上最可爱的动物之一。这类生活在森林里的灵长类动物，小到能被你装进口袋！它的大眼睛很容易让人心生怜爱。近些年，有不少野生懒猴遭到捕猎，并被当作宠物出售，甚至被发布到网上售卖。在一些视频里，当懒猴被主人逗弄时，它会把上肢举过头顶，同时身体后倾。**看起来它似乎很享受，其实你不懂懒猴的"语言"**。科学家说这种行为表示它感到了威胁，正在准备自卫。

　　懒猴肘部内侧的**特殊腺体**是它的秘密武器，能分泌一种无色、有气味的液体，会使人过敏。有趣的是，这种液体必须和懒猴的唾液混合后才能产生毒素。所以，受到威胁的懒猴必须高举上肢，**这样它才能将嘴巴靠近肘部内侧，以便随时自卫。**

当首领真好 →

我们普通人很难长期深入海洋去了解鱼类的行为，也很难去野外观察猛兽的生活。但我们可以每天观察家里的宠物。尽管它们有"小黑""皮皮""嘟嘟"这些可爱的名字，但它们的行为依然可以暴露出潜在的野性。狗在争夺控制权时，体形越大越占优势，但这不是唯一的取胜法宝，狗的气势同样很关键。这也就解释了为什么体形小的宠物狗更爱叫。

→ 你有没有遇到过这种场景：两只狗本来围着你跑来跑去，玩得挺开心，其中一只玩够了，就忽然咆哮起来。情况发生得很突然，就连另一只狗也感到惊讶。这就是狗的交流方式：有些很直接，人们也能感受到，比如龇牙咧嘴地咆哮，表示它被惹恼了、累了，或者它想自己待着。**其实狗狗们大多数的交流是通过肢体语言进行的，很容易被人们忽略。**

→ 看看狗的**尾巴**，为什么尾巴会僵直地竖起呢？那意味着它要准备攻击了。如果狗的尾巴夹在两腿之间，那就是它屈服的信号。

→ 再瞧瞧狗的**耳朵**吧。如果耳朵竖起来，可能说明狗很警觉，也可能暗示着它要准备攻击了。如果狗的耳朵朝后贴在头上，那就表示它害怕啦。

→ 狗发出混合信号时，能表达出不同的意思。比如，一只狗的耳朵和尾巴同时直立时，可能是在向另一只狗示威；而耳朵贴着头、尾巴夹在两腿之间的狗也很有危险性，这种姿态表示狗受到威胁，可能会撤退避险，也可能会发起攻击。

长达四年的黑猩猩之战

当科学家珍·古道尔刚开始研究坦桑尼亚的黑猩猩时，她认为动物比人类更善良。但在1974年，珍·古道尔的这个观点受到了挑战……

黑猩猩是一种聪明的群居动物，有时一个种群的数量多达150只，由一只被称为"阿尔法"的雄性领导。它享有进食、梳毛和交配的优先权，但它的地位并不稳固，因为其他雄性会试图推翻它的统治。黑猩猩还会入侵其他种群的领地，攻击对方的首领。如果成功地赶走或杀死了对方的雄性首领，它们就会把对方领地占领。珍·古道尔亲眼看到了这一切。

在四年的时间里，珍·古道尔目睹了来自森林南部的卡萨克拉种群向北部的卡哈马种群发起攻击的全过程。最终，卡萨克拉种群赢得了战争。但它们很快又被迫退回到原来的领地，因为新领地被卡兰德这个规模更大的种群占领了。珍·古道尔把这场战争称为"贡贝黑猩猩之战"。她发现**即使是最聪明的野生动物也不能总靠交流来避免冲突。**

一起摇摆！↓

一只蜜蜂嗡嗡地满世界飞时，如果发现了一大片花丛，或是一个很适合筑新巢的地方，它很可能会飞回巢，说服其他蜜蜂跟随它。但蜜蜂究竟是如何告诉其他蜜蜂该去哪里的？这个问题困扰了研究人员很长时间。毕竟蜜蜂那么小，而世界又那么大。即使这些昆虫群居在一起，也没人能解释它们是怎样传递复杂信息的。

但在20世纪20年代，科学家卡尔·冯·弗里施有了新的发现：**蜜蜂会通过非常复杂的"8字舞"告诉同伴该去哪里，它们跳舞时就像毛茸茸的小小运动员在溜冰。**

→ 蜜蜂跳得越用力、时间越长，说明它对自己传递的信息就越有把握。所以，当其他蜜蜂注意到一只蜜蜂在摇摆时，就会和它一起在附近摇摆。慢慢地，信息在蜂群中传开，其他正在摇摆的蜜蜂可能会放弃它们的舞蹈，也加入进来。最终，很多蜜蜂会以"8"字形的模式舞动向前，去搞清楚第一只蜜蜂为什么那么兴奋。

→ 卡尔·冯·弗里施和之后许多科学家的研究表明，**"8字舞"不仅可以说服其他蜜蜂，还能给出指引。**利用太阳的角度与目的地之间的位置关系，第一只探路蜜蜂可以为它的同伴们指引花丛或新巢的大致方向。随着时间的推移，它们会根据太阳的运动而改变舞蹈的方向。

→ 蜜蜂有时会在花上留下一种叫作**信息素**的化学物质，其他蜜蜂在远处也能闻到。蜜蜂利用信息素的气味来做路标，告诉其他蜜蜂该往哪里飞。

→ 数百年来，科学家们一直在研究蜜蜂发出的信号，但至今都没有弄清楚蜜蜂所有信号的含义。他们只知道，这种小小的昆虫能够经常发出信号或回应信号，**靠的就是晃动自己的"小屁股"**。

45°

花的方位

为生命而舞的孔雀蜘蛛

一只米粒大小的雄孔雀蜘蛛"飞"到空中，再落在雌孔雀蜘蛛身旁的一片叶子上。雌蜘蛛转过身，用8只眼睛盯着雄蜘蛛。如果它不迅速采取行动，雌蜘蛛就会发起进攻，吃掉它。那雄蜘蛛会怎么做呢？战斗、逃跑，还是躲起来？

是跳舞！ 雄蜘蛛先抬起一条腿，晃动起来。接着，它抬起对侧的另一条腿，有节奏地舞动着。雄蜘蛛就像在指挥管弦乐队一样，用一种只有它们明白的方式来回摆动着肢体。

随着雄蜘蛛不断舞动着两条腿，它开始展示绚丽的腹部，并有节奏地摇摆身体。它那色彩斑斓的腹部令雌蜘蛛着迷。慢慢地，雄蜘蛛向雌蜘蛛靠近，再靠近，然后用跳舞的腿揽住对方，把雌蜘蛛抱在怀里。而雌蜘蛛接受了它，成为它的伴侣。

火烈鸟之舞↓

每年，安第斯火烈鸟（安第斯红鹳）都要飞行几百千米，去往南美山间的盐湖。在那儿，它们会把喙（huì）浸入水中，搜寻一种叫作硅藻的浮游生物。不过，蜂拥而至的火烈鸟可不仅仅是去那里找好吃的，它们是要去跳舞！

火烈鸟的舞蹈使它们的集体求偶活动极为壮观。几十只安第斯火烈鸟聚集在一起，它们步调一致，蹚着水前行。当一些火烈鸟把又大又黑的喙转向左边时，另一些则同时转向右边，接着它们再彼此调换喙的方向。虽然它们的腿很明显地在水中移动，可上身看起来却完美地保持着静止。整个火烈鸟群看起来像漂浮在水面上，它们将头部左右摆动，就像认真跳探戈的舞者一样。

艾草松鸡与日出

　　艾草松鸡是一种生活在美国和加拿大的小体形鸟类。雄性艾草松鸡的尾巴上长着长而尖的羽毛，尾羽全部展开后，雄性艾草松鸡就像一颗冉冉升起的太阳。雄性艾草松鸡的胸部有两个艳丽的、没有羽毛的气囊。当它想要吸引雌性时，气囊会迅速充气、放气，并发出响声。

水中的爱侣：克氏䴙䴘（ pì tī ）

　　克氏䴙䴘通过跳舞来选择终身伴侣，或是增进伴侣间的情感。它们的舞蹈姿态万千：时而并排划水，调皮地把水洒在对方的脸上，时而轮流为彼此梳理背上的羽毛，甚至还会互赠鱼儿作为礼物。最精彩的部分在最后——每只䴙䴘都抬起头，面朝天空，将翅膀收到背后，**以完美和谐的步调在水面上奔跑。**

羽毛华丽的大极乐鸟

➜ 就像人们会通过衣着彰显个性一样，澳大利亚东北部和新几内亚岛的大极乐鸟**用身上的羽毛彰显自己。**

➜ 雄性大极乐鸟头部的羽毛非常独特，几乎没有羽枝，这样**更有利于飞行。**

➜ 雄性大极乐鸟的大部分羽毛都是赤栗色的，但背部中间有一簇（cù）长长的浅黄色羽毛。

➜ 当雌鸟出现时，雄鸟们就会摆出竞争的架势：展开翅膀，抖动背部的羽毛，一边在树枝上跳来跳去，一边咯咯地叫。

➜ 雄性大极乐鸟背部浅黄色的羽毛非常显眼，从远处看它们，就好像许多鸡毛掸子在树冠上跳来跳去。

犀利的目光→

当一只寒鸦看向你时，你不可能注意不到。这是因为寒鸦不同于那些有着黑色眼睛的其他同属鸦科的近亲，它们黑白相间的大眼睛特别显眼。这让科学家想知道这引人注目的大眼睛究竟有什么作用。

2014年，研究人员准备了4种不同眼睛的照片，放在英国剑桥城外的100个巢箱里。巢箱里安装了摄像机，用来观察寒鸦看到不同"眼睛"时的反应。这些照片上的眼睛有的像它们的眼睛一样又大又白，而有的像它们近亲的眼睛一样又小又黑。

→ 如果寒鸦发现巢箱中有一双又小又黑的眼睛，它就会自在地在周围徘徊，或者干脆在巢箱里住下。但如果寒鸦看到一双白色的眼睛"盯"着它，**它很可能会飞走。**

→ 根据科学家的说法，寒鸦可能是通过对视来决定巢穴归谁。这挺合理的，因为对于鸟类来说，用目光来一决高下可比用喙好多了，如果被啄一下，可能会受到严重的伤害。

→ 寒鸦在乌鸦家族中很特别，它们只会利用天然树洞、烟囱等作为自己的巢穴。寒鸦不能像一些啄木鸟那样靠自己来筑巢，所以不得不与其他鸟类争夺有限的资源。并且，由于寒鸦们的巢离得很近，有时为了争夺最佳位置，**它们会用目光"大战"一场。**

→ 如果这是真的，那么这项研究结果将意味着**寒鸦是已知的一种用眼睛交流的非灵长类动物**。没准它们用眼睛还能"说"些别的呢！我们人类可以用眼睛传达的信息太多啦，想想看，如果爸爸妈妈什么也不说，只是严厉地盯着你，那意味着什么？

眼睛是心灵的窗户

当一只年幼的黑猩猩想吃另一只地位比较高的黑猩猩的食物时，它会专注地盯着食物。当一只猕（mí）猴想让另一只猴子知道它并没什么恶意时，它会盯着远处看。这只是灵长类动物在进化中掌握的用眼睛交流的一部分方法。

对着镜子看看你的眼睛吧，眼球中的白色部分是巩膜，大多数动物都没有和我们一样的巩膜。观察一下你的宠物狗、猫、仓鼠、鹦鹉或金鱼的眼睛吧，发现不同了吗？过去，人们认为人类是唯一拥有白色巩膜的灵长类动物，但最新研究发现，大多数大猩猩的巩膜也是白色的。科学家还发现，黑猩猩、倭（wō）黑猩猩和红毛猩猩的巩膜都比我们原以为的更白。再去观察其他动物的巩膜颜色吧，说不定你会有新的发现哟。

表演天才
——负鼠↓

饥饿的郊狼在森林中奔跑着寻找食物。它已经好几天没有进食了，终于等来了美味的猎物——一只中等个头的负鼠，它既没有大大的牙齿和爪子，也没有毒液和尖刺，根本不是郊狼的对手。

可是，郊狼的牙齿还没来得及刺进负鼠体内，负鼠就瘫软了下来。不仅如此，它还一边翻着白眼，流着口水；一边不停地抽动着耳朵，把屎喷得到处都是。郊狼只好强忍着。这时，负鼠屁股上的两个腺体突然喷出恶心难闻的绿色黏液。郊狼闻到气味就呕吐起来，落荒而逃。过了一会儿，负鼠翻身站了起来，继续过它的日子。这就是装死，为了生存下去，一切都是演戏。凭借这种聪明的计谋，处于弱势地位的负鼠能够摆脱体形比它大很多倍的捕食者。

超级明星登场

当又粗又短的猪鼻蛇受到捕食者的威胁时，它们会像眼镜蛇那样张开颈部，让自己看起来更威猛。它们还会发出很响的嘶嘶声，如果这一招还是没用，猪鼻蛇就会使出绝招：突然翻身，露出乳白色的肚皮；紧接着开始扭动，就像被扔进了煎锅里一样；之后，它们张大嘴，把扭动着的舌头吐出来，再蜷成一团，一动不动。这可真是一场奥斯卡级别的装死表演！

瓢虫是飞行高手，但当你试图抓住它们时，它们会蜷着腿装死。与负鼠会喷出绿色的液体类似，有时瓢虫也会排出一种难闻的黄色液体。

→ 虽然装死不是一种经典的交流方式，但却能切切实实地把信息传递出去。负鼠用装死告诉郊狼："你一定不喜欢我的味道。"同样地，你还能在花园里看到其他动物的类似表演。

装死时，**东方铃蟾**会拱起背部，扭动四肢，露出脚下黄色或橙色的警戒色。它们有时会翻过身，露出类似色彩的腹部。

当一只雄**盗蛛**带着多汁的昆虫礼物去约会时，雌盗蛛有可能会吃掉雄盗蛛，而不是那只昆虫！因此，雄盗蛛会选择装死，并紧紧抓着昆虫。当雌盗蛛拖走虫子时，它也一块儿被拖走。这样，等雌盗蛛填饱肚子后可能就会和雄盗蛛交配，而不是吃了它。

谁才是美味的晚餐？

生活在非洲的慈鲷会利用装死来达到自己的目的。它会**一动不动**地躺在湖底，皮肤上布满的斑点让它看上去像一条有些腐烂的死鱼。当一些不明真相的小鱼游过来想要享用美餐时，慈鲷就"活"了过来，一口吞下对方。

阳光照不到的地方→

海洋是一个深邃（suì）幽暗的地方，光线在水下变暗的速度超乎你的想象。如果把埃菲尔铁塔倒过来浸入海中，还没等你下潜到塔尖处，就几乎看不到光线了。

深海之下终年不见阳光，那里黑暗、寒冷，又充满危险，被科学家称为"午夜地带"。令人惊讶的是，这里也生活着多种多样的动物，并且它们找到了彼此交流的方式。

生物发光是深海动物的交流方式之一。就像萤火虫尾部会发生化学反应而发光一样，鱼类、鱿鱼和其他许多深海动物也进化出了发光的本领。事实上，科学家认为约76%的海洋动物都能以各种方式发光——这相当于每4只海洋动物中，就有3只能发光！

→介形虫就像深海里的"萤火虫"。这种微小的甲壳类动物会在发光时四处移动。有时，为了吸引雌性的注意，雄性会发出一连串的亮光。

→鮟鱇（ān kāng）鱼、灯眼鱼和眼镜鱼在交配时都使用光线，但它们的展示很简单，只是为了在黑暗中找到同类，不过这也不是一件容易的事。人们还认为，发光可以帮助这些鱼区分雄性和雌性。

→ 深海里的动物大多发蓝光，但也有一些发红光，比如**深海龙鱼**，它的牙齿又大又尖，甚至都塞不进嘴里，还好它的体长只有15厘米左右。深海龙鱼通过一种特殊的发光器官来发出红光。科学家认为，这种红光不仅可以诱捕猎物，还能告诉同伴猎物可能就在附近，这太贴心了。

海浪下的蓝绿色"火焰"

在满月之后那几天，日落一小时后，如果你乘船进入百慕大群岛周围的海域，可能会看到海浪下闪烁着蓝绿色的光。克里斯托弗·哥伦布很幸运，他在1492年就看到了这种亮光，把它们比作"跳动的烛光"。但这些蓝绿色"火焰"其实是**百慕大的火刺虫**。

火刺虫一生大部分时间生活在海底，躲在用自己唾液制成的黏液管道里。但为了繁殖，它们每个月都会离开巢穴一次。太阳落山后，雌虫蠕动着游到水面，一边跳舞，一边释放出一种发光的蓝绿色化学物质。雄虫一看到光亮，就会从海洋深处迅速游到雌虫身边，一起舞蹈，发出霓虹般的蓝绿色光。当足够多的火刺虫聚集到一起时，每只都会释放出生殖细胞，繁衍新生命。一切结束以后，所有的火刺虫沉入海底，藏在那里觅食。到了下一个繁殖期，庆祝活动将再次开始。

用颜色来表达 →

在自然界中，颜色对于动物之间的交流至关重要。这里的一根彩色羽毛，那里的一撮浅色皮毛，都可能意味着生与死的区别。

狮尾狒是一种群居动物，一个"家庭"的成员可多达350只。有这么多狮尾狒跑来跑去，如何避免致命的打斗就变得很重要。狮尾狒的方法是用颜色展示力量。

→ 像大多数灵长类动物一样，狮尾狒身上也长有长毛。但它们的胸部有一块很特别的沙漏形**胸斑**，颜色从粉红色到深红色不等。胸斑的上半部分通常会被狮尾狒的下巴挡住，这样胸斑看起来就像心形。

→ 对雌狮尾狒来说，一块火红的胸斑是在向雄狮尾狒表明它做好了交配的准备。同样，如果雄狮尾狒有机会接近发情期的雌狮尾狒，它的心形胸斑也会变得更加鲜艳。因此，狮尾狒获得了"**红心狒狒**"的绰号。

→ 科学家发现，雄狮尾狒在群体中的地位与它胸斑的颜色有关系。体形大、地位高的雄性，它的红色胸斑往往更鲜亮。这种狒狒就像是戴着一个红色的牌子向大家宣告："**别来惹我！**"

摇动美丽的尾上覆羽

有时，颜色是为了引人注意，而不是为了吓唬人。孔雀进化出了巨大而华丽的尾上覆羽，当雄孔雀摇动尾上覆羽时，那些羽毛就会闪闪发光。科学家还不能确定雄孔雀为什么会有这么大的尾上覆羽。不过包括查尔斯·达尔文在内，很多人认为雄孔雀巨大的尾上覆羽是赢得雌性欢心的关键。但另一种理论认为这种尾上覆羽是大自然对幸存者的回馈。

雄孔雀尾上覆羽的长度可以超过1.5米，这给它的觅食、躲避天敌和日常活动带来了麻烦。一些科学家认为，雄孔雀展示巨大而美丽的尾上覆羽是想告诉雌孔雀："看我拖着这么大的'累赘'还能活下来，是因为基因很棒哟！"

很明显，雄孔雀在用尾上覆羽表达，所以**科学家仍在努力研究它们到底"说"了些什么**。这种对未知的探索确实挺吸引人的。

看起来动物王国的所有秘密好像都被人们发现了，其实，仍有许多谜团等着被解开呢。

闪烁的信息

向左边挥手，同时用另一只手向右挥，银磷乌贼也能像你一样同时做两件事情，不过它们是用自己的皮肤做到的。

这些不可思议的小乌贼有许多条腕足，然而，它们是**通过在皮肤表面呈现各种图案来相互交流的**。这归功于它们的色素细胞，这种细胞由微小的肌肉控制。当肌肉收缩时，色素细胞被压缩成小斑点；当肌肉松弛时，小斑点变大，变成彩色的斑点。成百上千个色素细胞同时工作时，就会令人眼花缭乱。

银磷乌贼皮肤呈现的各种图案中，最典型的是斑马条纹，这种图案可以帮它们争夺交配权。遇到危险时，它们的眼圈会变成金黄色，腕足则变成白色。利用色素细胞，它们还能在身上"画"出一系列大眼斑，用来吓跑捕食者。

只许看，
不许摸！↓

臭鼬

蓝环章鱼

黑脉金斑蝶

可以说臭鼬（yòu）是最容易辨认的动物之一——黑色的身体上带着白色条纹，气味很臭。你知道吗？它的白色条纹与臭味有关，这种白色被叫作警戒色。

从剧毒蓝环章鱼身上的蓝环，到黑脉金斑蝶身上亮橙色的斑纹，警戒色在动物王国里随处可见。瓢虫和萤火虫的斑点具有警示作用，蓑鲉（suō yóu）和蜜蜂身上的条纹也是如此。

警戒色是动物进化出的奇招，**能帮助它们不被捕食者吃掉，也能让捕食者一天的好胃口不被毁掉。**

蚁蜂背上鲜红色的绒毛是一种警示：看我厉害的刺！箭毒蛙则用亮蓝色、亮黄色、亮绿色或亮橙色等一系列鲜艳的色彩警告捕食者：想吃我吗？那就开始你最后的晚餐吧！

超级模仿秀

一些无毒的动物会模仿那些有毒动物的形态，从而逃过捕食者的猎杀。这就是**贝氏拟态**，是以科学家亨利·沃尔特·贝茨的名字命名的。他在巴西的热带雨林中研究蝴蝶时，发现了第一个拟态的案例。

食蚜蝇就是贝氏拟态的高手。世界上有6 000多种食蚜蝇，它们与厨房里的苍蝇是近亲。不过，许多食蚜蝇看起来根本不像苍蝇，而像是蜜蜂。因为它们伪装得太像了，以至于你很可能担心会被叮咬。当然啦，食蚜蝇并不会蜇人。

拟态让许多物种看起来拥有毒腺或毒刺的威力，却不需要费力制造这些防御性"武器"。这是另一种令人惊叹的生物进化方式。

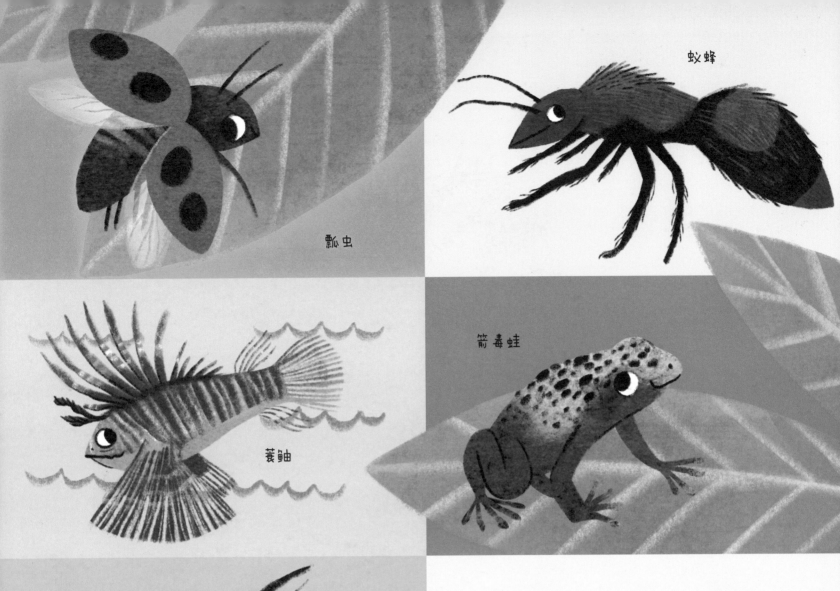

瓢虫

蚁蜂

蓑鲉

箭毒蛙

胡蜂

你可能会好奇，为什么有些动物的警戒色是黑白的，而另一些却很鲜艳。这是因为动物的生活方式不同，颜色也就不同。像熊蜂和珊瑚蛇这类色彩鲜艳的动物往往在白天很活跃，捕食者会很容易注意到它们的颜色并选择远离。但是像臭鼬、豪猪和蜜獾这类经常在晚上觅食的夜行动物，黑白图案更容易被夜视能力强的捕食者看到。

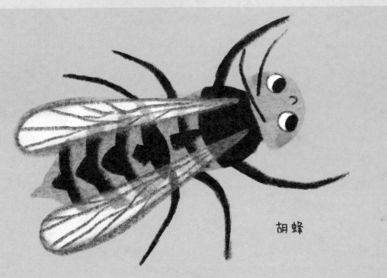

透翅天蛾体形较大，会发出嗡嗡声，尽管它们的行为更像蜂鸟，却经常被误认为蜜蜂；一些螳螂装扮成黑黄相间的胡蜂，却没有蜇人的本领；还有一类来自金龟子家族的蜂甲虫，它们身上的斑纹使它们看起来很危险。

无毒的地蛇和猩红王蛇模仿有毒的珊瑚蛇，温顺的螽（zhōng）斯（俗称"蝈蝈"）模仿可怕的虎甲虫。还有一种拟瓢蠊，它们长着闪亮的红色外壳和黑色斑点，看起来就像是可爱的瓢虫，但其实是蟑螂！

一起捕鱼吧！→

东星斑是一种体形巨大而行动敏捷的鱼。它有半米长，嘴巴就像吸尘器。它饿的时候，就把小鱼赶到开阔的水域，再一口把它们全吞下去。有时，小鱼会潜入珊瑚礁的缝隙中，避开可怕的"吸尘器"。但是，东星斑不会轻易放弃，它会去找帮手。

→ **东星斑会与其他鱼类合作捕猎。** 它们各自都有独特的本领，一起协作配合，就能成功捕获猎物。

→ **波纹唇鱼**有着强有力的吻部，可以咬碎岩石和珊瑚。它与东星斑、爪哇裸胸鳝组成一队，各显其能，合作捕猎，这样比独自捕猎获得的食物更多。

一点儿甜头

蜡蝉整天都待在树上，它们的口器能插入树皮，吸食里面的汁液。几乎马达加斯加森林里的所有动物都想吃掉它们。当一只饥饿的壁虎朝蜡蝉弹出有力的舌头时，你可能认为蜡蝉要大难临头了，可事实上，好戏才刚刚开始。

壁虎刚开始摆动头部，蜡蝉也相应地抖动背部。过了一会儿，它向壁虎喷出一小滴蜜露，壁虎开心地舔了下去。

来美餐一顿吧！

珊瑚礁附近的鱼类总被吸血的寄生虫困扰。幸运的是，一些鱼、虾愿意帮忙。鲨鱼、蝠鲼（fèn）等大鱼会展开鳍、张大嘴、打开鳃，然后静止不动，意思是"**我需要清洁**"。隆头鱼、虾这样的小动物就会游过去，取食大鱼身上的死皮和寄生虫。这样，大鱼摆脱了寄生虫，而负责清洁工作的鱼虾们也享受了一顿美餐——这就是双赢！

→ **爪哇裸胸鳝**就像一位体形修长的杂技演员，它能在东星斑无法进入的狭小缝隙中来回穿梭。

→ 东星斑在寻找食物前，会寻求爪哇裸胸鳝的帮助。科学家观察到，东星斑会停在爪哇裸胸鳝的巢穴入口，晃动身体。有时，爪哇裸胸鳝会待在里面不出来；有时，它会出来跟东星斑一起去捕猎。

大猩猩"科科"学手语

1971年，在美国旧金山动物园，一只雌性西部低地大猩猩出生了，名叫"科科"。令人惊讶的是，科科学会了使用手语来交流。它一生学会了1 000多个手语动作，能够**理解多达2 000个口语单词。**

野生大猩猩的词汇量与科科的相比可差远了。但科学家发现，它们可以通过面部表情互相交流。比如想找同伴玩耍的时候，野生大猩猩会摆出滑稽的表情：张大嘴巴，用嘴唇包住牙齿。

听 觉
SOUNDS

索萨利托的歌声→

在20世纪80年代的旧金山湾区索萨利托镇，每当太阳落山后，住在船屋上的人们就会被一桩怪事困扰。当他们准备入睡时，一种恐怖的嗡嗡声响彻船身，那声音大得令人彻夜难眠。

难道是秘密军事工程造成的？或者是外星人来这里度假？人们纷纷猜测。过了几十年，当"索萨利托的歌声"事件真相大白时，人们才发现肇事者竟然是一群前来"相亲"的鱼，一种看起来满脸不高兴的鱼——蟾鱼。

→ 它们的吻部长得像蛙嘴一般又大又扁，皮肤黏糊糊的，下颚上挂着胡子似的粗糙的触须，**你很难将蟾鱼跟"美"联系在一起**。不过，它们的"大嗓门"大大弥补了外表的缺陷。

→ 许多生活在水下的鱼类都会"唱歌"，蟾鱼就是其中之一。可是蟾鱼没有声带，它们是如何发声呢？秘密在于蟾鱼能让膀胱周围的肌肉快速振动，大约**每秒300次**，超过了蜂鸟振翅的最快速度！

→ 蟾鱼的"歌声"有一点儿像放在桌子上的手机发出的振动声，但在其他蟾鱼听来，那却是一首动听的交响乐。科学家已从中分辨出两种基本音色：咕噜声和噗噗声。蟾鱼把这些音色自由组合，创作出独特的曲子，既能吸引异性，又能警告对手远离自己的地盘。

→ 科学家还发现，有一些蟾鱼会大声地发出咕噜声，这可能是想搅乱"邻居们"的歌声。瞧，**它们可真够坏的。**

口技高手——琴鸟

如果有机会在澳洲南部的丛林里走一走，你也许会听到汽车的防盗警报声。别慌，不是有人在偷车，而是一只寻找伴侣的雄性琴鸟正在表演自己精心准备的模仿秀。它能模仿鸟类的啾啾声、嘀嘀声和喳喳声，也能**模仿复杂的非自然噪声**，比如汽车的防盗警报声、链锯声、婴儿的哭声、相机的快门声、枪声、电话铃声等。琴鸟只要听到了感兴趣的声音，都会试着去模仿。琴鸟还会把它最喜欢的声音教给幼鸟，就像父母教孩子唱童谣一样。

噪声大王——蝉

如果你在户外大喊大叫，即使你喊破了喉咙，声音也传不到200米远。这样的音量在城市里足以惹恼邻居，但对蝉来说却不算什么。因为它们的叫声高达**100分贝**，可以传到**2千米之外**。

蝉这种小家伙既没有声带，也没有肺，雄蝉的发声器是它腹部两侧的鼓膜。当雄蝉收缩鸣肌时，鼓膜就会因振动而咔嗒作响，有点儿像我们拉直弯曲的吸管而发出的声音，但相比之下，蝉发声的频率可高多了，可达数百次每秒！

动物
摇滚乐 →

很多动物之间的交流方式既神秘又复杂，比如快速眨眼法（很难被我们察觉）和化学信号法（我们根本看不到）。不过响尾蛇不同，它很直截了当。当响尾蛇想要"说"些什么时，它就把尾部的"沙槌"摇得沙沙作响，让全世界都停下来听。

响尾蛇的"乐器"由尾部末端的一串中空的响环组成，响环互相摩擦就可以发声。很多人走在树林里时，要是听到响尾蛇特有的"沙沙"声，就会毛骨悚然。这并不奇怪，美洲本地有很多种响尾蛇，它们虽然长相略有差异，但都长着向后弯曲的大毒牙，若不幸被它们咬中，毒牙里的毒液就会注入人体内，让人倒地死去。

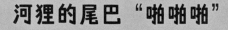

河狸的尾巴"啪啪啪"

河狸在很多方面都让人赞叹，比如钢铁般的牙齿和防水的毛皮，但它的尾巴才是最了不起的。河狸的尾巴又宽又大，状如船桨，外表粗糙，还覆盖着鳞片。这样的尾巴在水中可以当舵用，在岸上又让它多了一条"腿"，还能储存脂肪。最有意思的是，它的尾巴还能发"警报"！

当一只河狸察觉到危险来临时，它就把尾巴伸出水面，向下猛烈拍打水面。拍打声传向四面八方，就像警报一样传给附近的其他河狸。要知道，河狸的肺活量超大，能憋气大约15分钟。而当捕猎者听到**拍打声**时，它的"午餐"早就没了踪影。

→ 不过仔细想想，我们还得感谢响尾蛇呢。因为，响尾蛇并不想咬人或别的捕猎者，那明显是浪费毒液。它更乐意用毒液去捕捉老鼠、松鼠等美味的"点心"。当响尾蛇对人摇响尾巴时，它其实是在说：

嘿，陌生人，你吓到我了。不过我也是很可怕的！你要是再敢靠近，就别怪我对你不客气了！

→ 我们是怎么知道这一点的呢？首先，**响尾蛇不会对它想捕食的猎物摇尾巴**，因为它不想把对方吓跑；其次，当你从一条响尾蛇旁边走过时，它并不会去追。见到人类时，响尾蛇的想法就是：别打扰我。我们或许应该听听它们的心声。

鹿的鼻子"呼呼呼"

一提起鹿，我们脑海里会浮现出这样的画面：夕阳西下，一头沉默的公鹿站在林间空地，或是一头母鹿带着小鹿在潺潺小溪边安静地饮水。但是，我们的想象唯独缺了那**响鼻声**！

鹿的响鼻声听起来很傻，但如果这洪亮的"喷嚏"冷不丁地响起来，准会吓你一大跳，也会让捕猎者狼狈逃跑。打响鼻还有利于清理鼻腔通道，方便它通过嗅觉感知危险，判断是否需要逃跑。

蟑螂的气孔"嘶嘶嘶"

马达加斯加发声蟑螂特有的**嘶嘶声**，是空气被挤压出气孔时产生的。微小的气孔分布在蟑螂身体两侧，能让空气进入。与你我一样，蟑螂也需要氧气，吸气后也要呼气。气流通过狭窄的气孔时受挤压而产生很响的嘶嘶声，这声音可以帮助蟑螂吓走捕食者。嘶嘶声也是雄蟑螂吸引雌蟑螂的方式，你要想模仿它的"情歌"，只需用力吹吹吸管就可以了。

狼真的会对着月亮嗥叫吗? →

嗷——呜——

在动物王国里，狼的嗥叫声最容易辨别，但也是被误解最多的。

狼会对着月亮嗥叫的说法流传了数千年，但其实并没有证据表明狼会对着月亮嗥叫。作为地球的卫星，又大又亮的月亮在黑夜中给狼只能带来光亮，仅此而已。但狼确实经常在夜里嗥叫，那是另有原因的。

→ 狼是群居动物，通常5~12只为一群，有时可以多达30只。在狼群中，**嗥叫是一种重要的交流方式。**

→ 专家们认为狼能通过嗥叫来协调狼群完成各种事情，**不论是协作捕猎，还是在暴风雪中寻找彼此。** 通过嗥叫声，狼可以通知同伴们附近有一具麋鹿尸体，或是警告入侵的狼群不要靠近它们的地盘。

→ **狼确实常常在夜晚嗥叫，** 这看起来很奇怪，但很可能是因为它们大多在夜晚捕猎，并不是想让你噩梦连连。

其他协作型犬科动物↓
豺：工作吹哨两不误

有人把豺描述成一种介于灰狐与赤狐之间的犬科动物，但它们与非洲同类的关系更近。身披红毛、长着尖嘴的豺，常在茂密的灌木丛里发出一系列**短促、尖锐的口哨声**，"吹哨狗"就成了它们的别名。除此之外，它们还会发出"咕咕"声和类似"咔咔咔"的攻击声。

说实话，豺的叫声并不像其他犬科动物的，而更像鸟的叫声。

吼猴：陆地上数我嗓门大

在中美洲和南美洲的雨林里，有一类猴子的叫声特别大，5千米内都能听见，那就是**吼猴**。它的秘密武器就是喉咙里的"U"形舌骨，那是一个声音放大器。

吼猴通过叫声让领地里的其他雄性知道自己是多么高大，多么不好惹。这办法不错，与其在树顶上决斗造成伤亡，还不如用"君子动口不动手"的方式来一决高下。只是……它们"动口"的声音也太大了！

非洲野犬：用打喷嚏来投票

非洲野犬会聚集成群，有时成员会超过20只。它们饿的时候，会用投票的办法决定是否去捕猎。怎样投票？打喷嚏呗！它们先彼此碰碰头，摇摇尾巴，再前后跑动，然后就有成员开始跟着打喷嚏了。**加入打喷嚏的成员越多，这个群体出猎的可能性就越大。**有趣的是，打喷嚏的"拉票"效果似乎不尽相同：若想让所有成员都加入捕猎行动，头领也许只需打3个喷嚏，而级别较低的成员则可能要打10个喷嚏才行。

土拨鼠：交流的高手

尖叫声、咕咕声、叽叽喳喳声——土拨鼠的"词汇"特别丰富，有些科学家认为它们能用叫声来描述潜在威胁物的外观。当科学家们穿着白大褂走过土拨鼠的领地时，它们发出的警报声很类似；但当科学家们分别穿上蓝色、灰色、橙色、绿色的短袖衫时，这些"健谈"的啮齿类小动物就会发出完全不同的声音。下次去草原徒步旅行时不妨打扮一下，听听这些小家伙在背后是如何"评论"你的！

我们的近亲是个话匣子↓

在西非的森林里，有这样一些奇怪的树： 树干中空，树皮被刮掉，树洞底部堆满了石头。树当然不会收集石头，鸟类、大象和当地居民也不会。那么，这些石头是谁放进树洞里的呢？答案是黑猩猩。

利用红外相机，科学家曾分别看到4只来自不同种群的黑猩猩走到树前，把跟它们脑袋一样大的石头朝树上扔。这几只黑猩猩路过大树时，都会停下来**扔石头**，发出它们特有的喘嘘声，再坐下来等待。

从红外相机的记录来看，黑猩猩朝树上扔石头既没有打下来多汁的水果，也没有砸开蜜蜂巢，它们并没有从这种行为中得到任何好处。而且，这种被科学家称为"投石成堆"的活动，似乎也不是黑猩猩们一起玩的趣味游戏。

科学家们认为最大的可能，是这种因为砸树而回荡在森林里的沉闷响声，代表了黑猩猩的某种远距离交流方式。而这些响声有什么含义，这谁也不知道。

→ 越来越多的理由让人们相信，黑猩猩作为人类的近亲，能以**一种其他动物做不到的方式传递复杂的信息**。例如，科学家们知道它们发现食物时，会通过发出一连串的喘嘘声、呼噜声和吼叫声，把同伴叫过来。同样，如果它们高声地**哇哇叫**，那就是在提醒同伴注意附近的情况，可能是有危险，也可能是发现了有趣的事情。种群里每只黑猩猩的喘嘘声都独具一格，具有辨识度，就像它们的名片一样。

→ **雄性黑猩猩尤其会表达自己的意图**，它们会通过大声叫嚷和各种攻击姿势向大家宣告自己的首领身份。它们的典型动作包括用手拍击地面或树木，踩脚，四处奔跑，拖拽树枝，以及扔石头等。

→ **对于灵长类动物来说，肢体语言也极其重要。** 当黑猩猩的妈妈抬起后脚时，似乎是在告诉幼崽："跳上来吧，妈妈背着你走。"当同伴离得太近时，黑猩猩会用手背轻推一下，表示它想要一些空间。黑猩猩还会反复用牙把叶子咬成条状，很像一个人在紧张地咬铅笔，这可能是在吸引异性的注意呢。

→ **还有更有趣的事呢！** 另一项研究发现，蹒跚（pán shān）学步的人类幼儿会做出52种不同的手势用来交流，其中46种黑猩猩也会做。人类与黑猩猩的相似度到底有多高？也许大大超乎我们的认知！

大象的"地震"式交流↓

大象用次声波进行交流。次声波的频率极低，在人类的听觉范围之外。这些声音是空气经过大象的声带时发出的，跟人类唱歌的方式一样。唯一的区别是，大象的声带能有我们的8倍大，所以发出的声音频率很低。

→ 对于能听到次声波的动物来说，**大象的次声波低沉又响亮**，能沿着大地传播近10千米远。这有点儿像迷你版地震在地球上产生的冲击波。事实上，科学家们可以用地震仪来测量大象的次声波，这与测量地震的方法是一样的！

眼镜猴：无声的尖叫

　　有一天，研究人员突然注意到实验室里的一些眼镜猴张着嘴，好像在打哈欠，但却没有发出声音。好奇的他们使用了一种特殊的录音机后发现，这些小家伙根本不是在打哈欠，而是在**尖叫**。

　　在灵长类动物中，目前只发现眼镜猴的尖叫声属于超声波（超声波的频率非常高，人耳是无法识别的）。飞蛾和螽斯作为眼镜猴最喜欢的食物，也能发出超声波。这意味着眼镜猴很可能利用**超声波来传递秘密信息**，让它们的天敌察觉不到，同时又是寻找美餐的捷径。

海豚的咔嗒声

　　海豚的回声定位能力非常出名，即先发出咔嗒声，再通过倾听回声来"看"到物体。在进行回声定位时，海豚每秒发出约200次咔嗒声；而它在"交谈"时，每秒发出大约2 000次咔嗒声。科学家把第一种咔嗒声称为**"回声定位"**，把第二种咔嗒声称为**"声脉冲"**。

　　海豚会在各种情况下发出声脉冲。想玩的时候，它会来一段声脉冲；感到焦虑时，也会发出声脉冲；如果它被惹恼或受到惊吓时，声脉冲就成了它的武器，那异常响亮的尖叫声能直冲耳膜。科学家甚至发现，当海豚宝宝行为不当时，海豚妈妈也会用声脉冲警告它们。

→ 你可能会好奇，大象是怎样听到地面传来的信息的？当然是用脚了！人人都知道大象有着巨大的脚，但很多人却不知道，**这些像柱子一样粗的大脚上，分布着几十个敏感的震动传感器！**

→ 大象甚至会用力把脚踩进土壤里，扁扁的脚掌可以更好地接收地面的震动。这就像我们为了听得更清楚，会把手聚拢在耳朵上一样，都是用身体的一部分临时充当一个声音采集器和放大器。

→ 令人惊喜的是，一些科学家认为可以开发出监听大象次声波的设备，以免它们被偷猎。如果设备在夜间非正常时段捕捉到了大象发出的**警报声或沉重脚步声**，巡视员就能赶过去查看大象是否有危险。

鲱鱼的"屁话"

当一条鲱鱼想和同伴交流时，它会从身后吹出泡泡，发出一串响亮的噗噗声，科学家们把这种有趣的声音称为"放屁声"。的确，鲱鱼用屁"说话"。

大家都知道，水是声波的良导体，声波在水中的传播速度大约是在空气中的5倍，鲱鱼就是利用这点来传递警告信息或其他信息的。这样噗噗的"放屁声"，对鲱鱼来说真的是保命信号。

蝙蝠的视听方式：啾啾声和吱吱声 ↓

→ 蝙蝠的回声定位功能非常强大。例如，蝙蝠能根据回声的强弱来**判断一只昆虫的大小**，还能判断它所处的方位，甚至能辨别它是要飞过来，还是要飞过去。

还记得吗？眼镜猴用超声波交流，频率高到人耳都听不到。 其实，蝙蝠也能利用超声波，而且用得更好。

蝙蝠不仅能发出频率极高的**啾啾声和吱吱声**，而且当这些声波在夜间碰到物体反弹回来时，也能被它们听到。它们可以利用超声波在洞穴等狭窄的空间飞行，还能像战斗机一样在半空截击昆虫。

科学家们近期才发现，蝙蝠用于回声定位的吱吱声不仅对捕猎很重要，也能用于交流。例如，已经发现墨西哥无尾蝠和大马蹄蝠能发出可被识别的叫声。这不难理解，因为有些蝙蝠跟其他种群数以百万计的蝙蝠住在同一个栖息地，它们对其他蝙蝠发出有辨识度的叫声，就好像在说："嘿！是我！"

大银线蝠可以仅凭另一只蝙蝠的叫声确定它的性别，并做出不同的反应。如果雄性大银线蝠听到另一只雄性的声音，就会发出攻击性的叫声；但它听到的如果是雌性的声音，就会发出一连串想要继续交流的声音。

从最新的研究发现来看，我们对蝙蝠回声定位的原理还需要进一步去探索。

→ 一些蝙蝠用嘴发出高音调的声音，而另一些则用鼻子发声，还有**一些果蝠甚至能通过翅膀发声**来完成极为简单的回声定位（不过大多数果蝠仍然被认为根本不会使用回声定位。仔细想想，这也有道理，因为它们的"猎物"是水果，并不怎么移动！）。

→ 在雨林中，有一种叫叶鼻蝠的蝙蝠可以利用回声定位发现停在树叶上的蜻蜓。这表明即使目标没有移动，也会被蝙蝠盯上。（科学家认为，这是因为树叶可以像镜子一样反射蝙蝠的超声波。）**有些蝙蝠甚至可以仅靠声音就能"看得见"！**

→ 借助功能特殊的耳朵，最轻微的回声也能被它们接收到。你可以闭上眼睛体会一下：一边击掌，一边慢慢地在房子里走来走去（请避开所有楼梯！最好是在大门敞开的走廊里），当你走向一堵墙时，你能听出击掌声是怎样变强、变快的吗？当你走向门口时，击掌声听起来又是怎样变得更远的？**你所做的就是回声定位。**

→ 利用回声定位，牛头犬蝠能察觉到小鱼在水面上产生的波纹，并像秃鹰那样用爪子抓起小鱼。（**没错，有些蝙蝠会捕鱼！**）

会"唱歌"的尾羽 ↓

众所周知，鸟类能发出各种各样的声音——鸣禽的歌声、火鸡的咯咯声、企鹅的颤音、鸭子的嘎嘎声、猫头鹰的呜呜声等。但你知道有些鸟只用羽毛就能发出声音吗？如果用人类打个比方，那就像人类用头发就能唱歌一样奇特。

→ 蜂鸟是特别棒的"羽毛歌手"。当一只雄性蜂鸟想要吸引一只雌鸟时，它会飞到树冠上，然后转头向雌鸟快速俯冲。它就像是一颗从天而降的子弹，速度越来越快，**直到最后一秒才张开尾羽"唱歌"**。蜂鸟羽毛的边缘与空气发生摩擦，从而振动发出声音，原理就像是你吹响了夹在手指间的一片叶子。

→ 普通夜鹰也有类似的表现，但它们看起来和听起来**更像一架快速俯冲的微型战斗机。**

如果给扬子鳄吸氦气……

很多孩子都梦想长大后成为一名宇航员，因为可能有机会参与太空之旅。但如果这个梦想无法实现，也可以考虑成为一名生物学家，他们的工作也很有意思，比如给扬子鳄吸氦气。

有一只圈养的扬子鳄挺爱"说话"，研究人员把它放进录音室里，录下它正常的叫声，那是响亮而低沉的隆隆声。然后，给它密闭的饲养箱里灌满氦氧混合气，并再次录音。研究人员通过计算机推断出这次的叫声发生了变化，听起来像是一只体形较小的扬子鳄发出的。科学家们认为，这说明**扬子鳄是通过声腔共振发声的。**而声腔共振的频率与扬子鳄的个头有关，这样它们就能以声音推算对手的体形大小和实力，避免因不必要的决斗而付出惨痛代价。

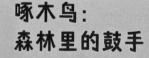

啄木鸟：森林里的鼓手

每到春天，啄木鸟欢快的啄树声就会在林中回荡，"咚咚——咚咚——"。等等，这咚咚声怎么越来越近了？让我看看窗外：哟，啄木鸟没在树上，它在房子的一侧猛啄导水管，然后又去啄电线杆，接着是烟囱……可这些地方并没有美味的虫子啊！原来啄木鸟把它们当作了"麦克风"。明白了吗？许多啄木鸟都是通过敲击声来吸引配偶或宣告领地的。谁的声音越大，持续的时间越长，就越表明它胜利在望。

→ 当捕猎者靠近时，冠鸠一边飞走，一边拍打着翅膀给附近的同伴发出警报：**附近有危险！**

→ 披肩榛鸡算得上是最有趣的"翅膀歌手"。在交配季节，雄性披肩榛鸡会跳上林间的树枝拍打翅膀，看起来就跟大猩猩拍打胸膛的方式类似。刚开始很慢，但几秒过后，它就会快速拍打，发出响亮的咚咚声，在四周很远的地方都能听到。**徒步旅行者听到这种声音时经常会搞错，还以为是链锯声或是割草机的声音呢！**

鼹（yǎn）鼠：带来地下最强的重金属舞蹈

生活在非洲东北部的鼹鼠是彻头彻尾的独居动物，它们巴不得所有人从自己眼前消失。不过，要是你认为这些患上了孤僻症的"矿工"对交流毫无兴趣，那可就错了。当听到自己的窝边有挖洞声时，它们就会**用脑袋猛撞洞顶**，就像一位老人用扫帚敲打天花板，科学家称之为地震式交流。不过，你也可以把它叫作**"撞头舞"**。

嘶鸣的蜘蛛 ↓

亚马孙巨人食鸟蛛是一种来自南美洲的蜘蛛。 这家伙样貌丑陋，毒牙的长度超过3厘米。它的重量超过了一个牛肉汉堡，是地球上最重的蜘蛛。正如它名字所描述的那样，它有时会捉鸟吃。

是的，你没看错——**世界上真有吃鸟的蜘蛛。**

尽管亚马孙巨人食鸟蛛在蜘蛛家族中算是足够大了，但在雨林众多"吃货"面前，它可就小得多了。因此这种蜘蛛有一种能吓跑捕食者的本领，否则一旦它们陷入搏斗，弄不好就会失去几条腿，或者更糟。

当亚马孙巨人食鸟蛛陷入困境时，它会**快速地摩擦前腿上的刚毛，发出响亮而怪异的嘶嘶声。**不像狗的咆哮声，这种声音与空气的运动无关，而是由摩擦产生的。

这就是科学家们所说的**"摩擦振鸣"**，是各种爬虫最常使用的制造"噪声"的手法。蟋蟀、螽斯和蝗虫都是最有名的摩擦振鸣高手，其他的还有天牛、蚁蜂、划蝽以及岩龙虾等。

每种动物的摩擦振鸣都会有差异，但通常遵循的原理是相同的：快速用身体的一部分去摩擦另一部分，交替式地"贴紧"再"滑开"。这样就会产生振动而发出声音。

→ 顺便说一句，除了无脊椎动物之外，脊椎动物也可以享受摩擦振鸣的乐趣。例如原产于马达加斯加的**马岛猬**，可以通过摩擦背上的棘刺产生**超声波**。科学家认为这些振鸣是它们在觅食时相互交流而产生的。

→ **梅花翅娇鹟（wēng）**生活在安第斯云雾森林中，它能以极快的速度振动羽毛，它的摩擦振鸣常被误以为是它的歌声。

→ 再说说**锯鳞蝰**，它是一种遍布亚洲和非洲的毒蛇。这种蛇被激怒时，会不断地扭曲身体，看起来如同流动的字母"S"。这个时候，它的鳞片相互摩擦，会发出一种**嘶嘶的警告声**，就像大西洋彼岸的亚马孙巨人食鸟蛛发出的声音。

嗅觉和味觉
SMELL AND TASTE

别舔黄色的雪，那里面有狗尿！↓

→ 生活在南美洲的**薮（sǒu）犬**与现代的狗是远亲。这种聪明的丛林小动物在标记气味方面更进一步——它们会前爪着地**倒立着撒尿**，为自己的领地做标记。薮犬非常神秘，目前人们还不完全清楚为什么它们要这样做。

你知道动物如何利用化学物质进行交流吗？遛过狗的人多少能知道一点——对，就是到处撒尿。

瞧，狗对着树干或秋海棠每抬起一次腿撒尿，就在它们的社交媒体上增加了一次"签名"。这是因为**尿液中含有一种被称为信息素的化学物质**，能传递各种有趣的信息。狗嗅一嗅这些气味标记，就可以知道曾在此留下尿迹的是雄性还是雌性，它们是否准备求偶。气味标记的浓淡程度也会表明上一只狗是在多久前经过这里的。想知道"签名者"是大狗还是小狗，看看标记位置的高低就知道了。

所以，下次你带狗出去散步的时候，如果它东嗅嗅、西闻闻，连一根小草都不肯放过，别不耐烦。**你的狗正在"翻看"它们的社交媒体签名簿呢！**

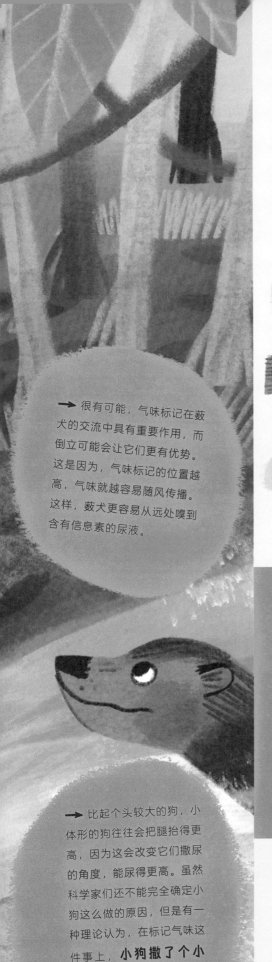

不能说话，就用尿打架

当**慈鲷**与对手发生争执时，这些"小坏蛋"会进入好斗模式，径直向敌人冲去，一边立起鱼鳍，一边释放出**一大团含有化学物质的尿液。**

→ 很有可能，气味标记在薮犬的交流中具有重要作用，而倒立可能会让它们更有优势。这是因为，气味标记的位置越高，气味就越容易随风传播。这样，薮犬更容易从远处嗅到含有信息素的尿液。

豪猪：臭味相投的伴侣

北美豪猪的尿液在搏斗中不起作用，却在生活中极其重要。雄性豪猪为了交配，会直立起后腿，**向雌性豪猪喷射尿液。**

科学家发现对有些动物来说，尿液中存在的信息素有助于它们成功求偶。

→ 比起个头较大的狗，小体形的狗往往会把腿抬得更高，因为这会改变它们撒尿的角度，能尿得更高。虽然科学家们还不能完全确定小狗这么做的原因，但是有一种理论认为，在标记气味这件事上，**小狗撒了个小谎，骗过了其他狗——**明明是小狗的尿，却让大家都以为是大狗留下的。

豹：用尿液宣告领地

在草原上，豹也会用尿液向同类传递信息，**宣告自己的领地范围。**它们在空气中嗅一嗅，甩开尾巴，收缩臀部的肌肉，然后把尿液喷射到最近的金合欢树桩上。你知道吗？它们的尿液闻起来有点儿像黄油爆米花。

长颈鹿：重口味的求偶

一只雄性长颈鹿如果想要知道雌性长颈鹿是否接受了它的求偶，就会去舔舐对方的尿液！显然，长颈鹿的嘴里有化学感受器，可以感受到关于繁殖信号的信息素。从科学的角度来看；这个功能很酷，但你一定会庆幸自己不是一只长颈鹿。

粪便满天飞

如果你去动物园，注意不要站得离河马太近。虽然它们的体重将近2吨，还能以30千米的时速奔跑，但这都不是让你躲开的主要原因。这些半水生食草动物可以把粪便甩到两米之外，要是站得太近，处于**飞溅区**中心的你会被粪便击个正着！

粪堆"留言板"

白犀会在同一个地方拉便便，形成粪堆。粪堆可长达20多米，相当于首尾相连的**两辆校车的长度**。成年雄性白犀会花时间嗅闻处于交配期的雌性白犀的粪堆。科学家们在分析粪堆中的化学物质时，发现了其中的秘密：粪堆其实是白犀的"留言板"，可以用来了解彼此的消息。

方形的便便

袋熊是一类有袋类动物，它们用粪堆来标记领地的边界。袋熊的粪堆尤其特别，是由方形便便组成的。袋熊是地球上唯一能拉出方形便便的动物。

→ 河马用尾巴来完成这个恶心的"壮举"。当粪便从它的臀部排出时,它的尾巴会像螺旋桨那样甩起来,然后粪便就会向四面八方飞出去。

→ 牛、鹿等其他的食草动物会任由它们的粪便落地,"啪嗒"一声就完事了,为什么河马却要这么折腾呢?因为一些动物选择尿液当"名片",而另一些动物则选择了粪便。如果你也打算用粪便来传递信息,那么你也会想把它们甩得越远越好。

寄生虫妄想症

犬羚是一类非洲羚羊,会利用粪堆来避免肠道感染寄生虫。研究表明,这类动物不会啃食它们粪堆附近的植物,可能是因为那里的**草丛中潜伏着更多的寄生虫**。

粪堆里的美食

貘(mò)的排便区域是雨林中重要的"苗圃"。貘吃了水果和种子后,有些种子不会被它的消化道破坏,在排出体外后能在营养丰富的粪堆中生根发芽。**英格拉姆松鼠**会在貘的粪便里翻找,因为它们知道那里面藏着美味的食物。

谁的身体白又黑，走哪儿都臭烘烘？ →

快，说出一种有臭味的动物！

臭鼬吗？对啦，因为你有充足的理由选它！臭鼬能从屁股里喷射出发臭的液体，它因此"臭名远扬"。这种恶臭气味的主要成分是硫醇、硫代乙酸盐、生物碱。不过，你即使不知道这些化学名称也能猜到它们的作用。毫无疑问，臭鼬的喷射物有一种刺鼻而令人作呕的气味。

→ 臭鼬个头不大，牙齿和爪子也很小，不属于特别危险的动物。然而，它们自有赶走捕食者的办法。很简单，只需将体内的氢原子和硫原子"混合"在一起，然后**把它们从屁股里喷出近3米远。**

→ 臭鼬的"弹药"有限，它们不能对任何可疑的动物都释放臭液。它们通常会通过一系列"节能"的方式发出警告，**尽量避免释放臭液。**比如，拱起背部的同时竖起毛发；受到威胁时用脚跺地，甚至把屁股对着攻击者。看到这些警告信号后，大多数捕食者都会知趣地走开，去寻找别的食物。

→ 臭鼬喷出的化学物质会让人流泪、视线模糊，还会造成皮肤的化学灼伤；如果吸入体内，还会引起咳嗽或呕吐。

蚂蚁的信息之路

如果你曾停下来观察过一排**蚂蚁**，你可能会好奇，**为什么它们一声不吭，却全都知道该去哪里**。原来，当一只觅食的蚂蚁找到好吃的东西带回巢穴时，它会在身后的地面留下一串信息素，指引更多的蚂蚁去那里运回食物。当巢穴受到攻击时，工蚁也会发出警报信息素，就像警铃响起一般，通知整个蚁群做好防御的准备。这对群居昆虫来说是一种有效的防御策略，因为大家一起行动，就可以对付浣熊，甚至熊这类大型动物。

生死关头，毛毛虫的化学战

寄生蜂对气味高度敏感，这让它们能够嗅出藏在雨林中的毛毛虫，并发起攻击。但幸运的毛毛虫自有防御绝招。它们会在攻击者的身上呕吐，让寄生蜂全身都被液化的植物组织包裹。这些呕吐物中充满了植物毒素，会导致寄生蜂的感觉系统紊乱，毛毛虫则趁机溜走……

农民的化学武器

为了保护土壤和农作物，很多农场主采用带有雌性信息素的黏网来诱捕**飞蛾**。他们在地面多处设置雌性信息素发散器，让雄性飞蛾忙着飞来飞去。如果到处都是雌飞蛾的气味，**雄飞蛾就无法找到真正的配偶**。使用信息素控制虫害，能让农民少喷洒杀虫剂。这是双赢，不仅对食用这些作物的人有益，对生活在农场附近的动物也有好处。当然，那些孤独的虫子除外。

蛇：用舌头感知世界↓

对于患有"恐蛇症"的人来说，没有什么比蛇抽动着分叉的舌头更令人毛骨悚然了。有些人认为蛇伸出舌头是一种警告，表示它就要发动攻击了。

其实，那是蛇在**嗅空气**呢。

像很多哺乳动物一样，蛇也有犁鼻器（见右下图解），位于上颚处。那里有两个小囊，当蛇把它的长舌头收回去时，舌尖上的两个分叉就会插进那两个小囊里，就像插头插进了插座。这样，从空气中收集的分子就直接转移到犁鼻器中。蛇通过犁鼻器分析空气分子，从而更好地感知外部世界。

更酷的是，蛇那分叉的舌头还有个作用：根据舌尖分叉上收集的分子的不同，蛇就能知道它闻到的味道来自哪个方向。

依靠嗅觉，蛇能辨别哪些东西能吃，哪些**东西不能吃**。

科学家发现，大多数已知的蛇类信息素似乎都是由脂类构成的。这使得蛇留下的气味分子太重，不容易在空气中传播。因此，蛇会用舌头接触另一条蛇的皮肤的方法来探知对方的信息素。这样就能知道对方是雄性还是雌性，以及是否准备好了交配。

→ 虽说蛇必须用舌头接触另一条蛇的皮肤来探知对方的信息素，但有个奇特的例外——**红边袜带蛇**是集体行动。成千上万条红边袜带蛇会为了繁殖后代而聚集在一起，形成密密麻麻的一大团蛇。

→ 每年冬天，加拿大的一个洞穴附近会有上万条红边袜带蛇加入激烈的配偶竞争中。它们似乎进化出了一种本领，嗅一嗅空气就能知道附近的蛇是否完成了交配。这样它们能避免浪费时间和精力，可以尽快去寻找合适的配偶。

舌头　神经　脑部

犁鼻器

猫的滑稽表情是
怎么回事？

你有没有见过你的猫皱起鼻子，露出牙齿，开始喘气的情形？难道它想找碴？其实这是一种特殊的嗅探行为，被称为**裂唇嗅**（也叫费洛蒙反应）。有时也会表现为翻嘴唇、打哈欠，甚至露出滑稽的表情。许多哺乳动物都有这种行为，例如犀牛、公羊、麋鹿、大羊驼、貘和长颈鹿等。

那么，为什么会发生这种行为呢？根据科学家的说法，当动物想要更好地感知空气中的成分时，它们就会利用裂唇嗅。它们上颚处的两个小囊与鼻腭管相连，鼻腭管又与犁鼻器中特殊的神经元相连。奇怪的是，这些神经元完全不同于那些与嗅觉有关的神经元。这表明当动物进行裂唇嗅时并不是单纯地闻气味或尝味道，而是介于这两者之间。

更有趣的是，裂唇嗅是自发的行为。换句话说，对于人类，我们会情不自禁地闻到窗台上蛋糕的香味；而对于老鼠，它们则会不由自主地打开它们的超级"嗅探器"。

大多数动物似乎都会利用裂唇嗅来分析同类成员释放出的化学物质。这意味着裂唇嗅主要用于交配、标记领地和其他交流。不过，当动物们进行裂唇嗅时，那些超级"嗅探器"能采集多少信息，人们还不得而知。

电感应和触觉
ELECTROINDUCTION AND TOUCH

鞭蝎的
温柔爱抚↓

你听过"长相能吓坏人"的说法吗？
那很可能是在说鞭蝎。

鞭蝎并不是真正的蝎子，它属于蛛形纲
动物，是最令人害怕的爬虫之一。它们的黑
色外骨骼光滑闪亮，可怕的前螯能撕碎昆虫
和其他小动物，犹如瑞士军刀。鞭蝎可不是
鞭蛛，鞭蛛没有尾巴，看起来像蜘蛛，它的
8条腿细长如线，左右展开可达60厘米宽。
有些种类的鞭蝎能从尾部喷出一种辛辣的、
像醋一样的酸液，因此而得名"醋蝎"。

值得一提的是，尽管鞭蝎看起来像是给
人带来噩梦的怪兽，其实它对人类几乎是无
害的。

→ 你一定不知道，母鞭蝎非常爱护自己的孩子。
在幼鞭蝎长大之前，母鞭蝎会带着它们一起走，并
用它的长触角爱抚孩子们。科学家们认为，母鞭蝎
的长触角是与幼鞭蝎交流的重要工具，也能让孩子
们待在身边，给它们安抚。**这是不是很像人类
的母亲哄着宝贝一样呢？**

蚂蚁：用触角来"牵手"

当一只**蚂蚁**想带另一只蚂蚁去看看有趣的东西时，比如一个多汁的苹果核，它会用头上的触角**在那只蚂蚁身上轻叩几下**。一旦引起了对方的注意，它便会转身朝着目的地走去。跟随的蚂蚁一边走，一边用触角轻叩带路蚂蚁的尾部。这个方法特别好，如果带路的蚂蚁走得太快，让后面的蚂蚁跟丢了，它能很快意识到，因为尾部的轻叩动作停止了。这是蚂蚁版的"手拉手"向前走。

超级传感器——大象的长鼻子

大家都知道大象的鼻子又长又灵活。但是，你知道它的鼻子里有**4万多块肌肉吗？**而人体总共才有600多块肌肉。大象经常用长鼻子去接触、爱抚群体中的其他成员。当两群大象相遇时，它们也会停下来相互触摸，就像在握手一样。因为大象的鼻子对气味极为敏感，所以很可能这些亲昵行为还有一个目的，那就是辨别气味。想象一下，如果你的手上长着鼻子，那会是怎样的感受？

短吻鳄的"施压仪式"

短吻鳄会花时间测试对方的力量，方法是看谁能把对方压到水下。一开始，一只短吻鳄会游到心仪的对象身边，先把它的头放在对方的头部或肩部。然后，它会用力按压，试图把它未来的伴侣压到水面下，并在水下停留长达5分钟，以此作为求偶仪式的一部分。科学家把这种看似愚蠢的行为称为"施压仪式"。别担心，这没有窒息的危险，短吻鳄可以憋气超过一个小时！

海獭：我想握着你的手

可爱的海獭让人看着就想抱抱。它们生活在北太平洋上，好似漂浮的香肠。如果观察的时间足够长，你会发现海獭们会用鼻子互相轻触对方。触碰鼻子是动物维持社会关系的一种方式，也是海獭多种触碰交流方式中的一种。海獭能仰着躺在水面上睡觉，还会睡着，这就有被海流卷走的危险。它们的办法是**手拉手**组成一个**毛茸茸的"筏子"**，大家轮流睡觉，醒着的海獭来**确保大家不被冲到海洋深处。**

你帮我来，
我帮你↓

明亮的色彩、生物发的光都可以在很远的地方被看到，巨大的声音能将信息传到更远的地方，化学信息素则可以让动物之间的交流不受距离和时间的限制。显然，触摸的方式并没有上述优势。但对于采用触觉交流的动物们来说，那好处可太多了。

黑猩猩每天会花很多时间帮同伴梳理毛发，包括去除泥土、植物碎屑、死皮，甚至虱子和其他寄生虫。很明显，被同伴梳毛的黑猩猩是受益者，谁不喜欢清爽干净呢？而梳毛者也会得到回报，因为黑猩猩会把食物分享给最近为它梳理过毛发的同伴。人类会投桃报李，黑猩猩也会**用美食来回报为它梳毛的同伴**。

→ 黑猩猩不会眼巴巴地等着同伴走过来为它梳毛。只要它感到很痒，很可能会悄悄走到另一只黑猩猩身边，把胳膊伸过去，好像在说：**"想给我梳梳毛吗？我可一点儿都不介意。"** 有趣吧？有人曾经看到过类似的情景：一只黑猩猩在身上长时间夸张地抓挠，弄出很大的动静，就像是"你画我猜"游戏中的表演者。这些表演似乎都是在告诉身边的黑猩猩，它想梳理毛发了。

→ 这被称为"**参考性手势**"，人类会经常使用，但在人类之外的动物中非常罕见。比如，当一个人双臂抱紧自己不停地哆嗦时，就算他不说话，你也知道他很冷。黑猩猩在交流中会使用参考性手势，它们真是太聪明了，对吧？

用电交流！↓

想象一下，你的指尖发射出电流，与隔壁房间里的朋友交谈……这有可能吗？

从技术上讲，这与你每次用智能手机打电话是一回事。但你知道吗？有一种鱼只用它们的身体就可以让上面提到的设想成真！

大家都听说过的电鳗并不是真正的鳗鱼，而是一种长刀鱼，是鲇鱼的近亲。电鳗是一种强电鱼，它能够产生足够的电流来攻击周围的任何东西。无论是想把电鳗当美餐的鳄鱼，还是电鳗想吃的其他鱼类，一旦遭到水下电击，就会肌肉麻痹僵硬，动弹不得。在接下来的几分钟里，电鳗可以从容逃跑，或是美餐一顿。

→ 电鳗并不是唯一一种进化出放电能力的动物，还有一些弱电鱼类，它们没有电击枪那么大的能量，而是利用柔和的电脉冲来探索周围的水下世界。

→ 无论是强电鱼还是弱电鱼，都可以利用电场来感知附近的地形，达到类似**声呐**的效果。电鳗也能识别出附近的动物，即使这些动物藏在淤泥或沙子里。因为这些动物也会产生独特的电信号，从而被电鳗锁定。

→ 所有强电鱼、弱电鱼都能使用电信号来感知同类或与同类交流，尤其是在繁殖方面。在能见度很低或一片漆黑的地方，用电来交流就变得尤为重要，比如在电鳗的家园——南美亚马孙河那混浊不堪的水域。

索 引
INDEX

著作权合同登记号：陕版出图字25-2021-120

First published in the UK by Magic Cat Publishing
HOW TO TALK TO A TIGER... AND OTHER ANIMALS © 2021 Magic Cat Publishing
Written by Jason Bittel
Illustrations © 2021 Kelsey Buzzell
Text © Magic Cat Publishing

图书在版编目（CIP）数据

如何与老虎聊天 ：动物之间神奇的交流方式 ／（美）
贾森·比特尔文；（美）凯尔西·巴泽尔图；苏小谦译
. — 西安 ：陕西人民教育出版社，2022.8
书名原文：HOW TO TALK TO A TIGER... AND OTHER
ANIMALS
ISBN 978-7-5450-8784-0

Ⅰ．①如… Ⅱ．①贾… ②凯… ③苏… Ⅲ．①动物—
儿童读物 Ⅳ．①Q95-49

中国版本图书馆CIP数据核字(2022)第078179号

如何与老虎聊天 动物之间神奇的交流方式
RUHE YU LAOHU LIAOTIAN DONGWU ZHI JIAN SHENQI DE JIAOLIU FANGSHI

[美]贾森·比特尔 文 [美]凯尔西·巴泽尔 图 苏小谦 译

图书策划 刘 菲   **责任编辑** 杨海燕
封面设计 杨玲玲   **特约编辑** 何 浩
美术编辑 田 迪
出版发行 陕西新华出版传媒集团
        陕西人民教育出版社
地址 西安市丈八五路58号（邮编 710077）
印刷 上海中华印刷有限公司
开本 889 mm×1 194 mm 1/11 印张 7
字数 87.5 千字
版印次 2022 年 8 月第 1 版 2022 年 8 月第 1 次印刷
书号 ISBN 978-7-5450-8784-0
定价 79.80 元

出品策划 荣信教育文化产业发展股份有限公司
网址 www.lelequ.com
电话 400-848-8788
乐乐趣品牌归荣信教育文化产业发展股份有限公司独家拥有
版权所有 翻印必究